Concis de maths terminale mathématiques complémentaires

Jean Peyre, Concis de maths terminale mathématiques complémentaires.

Paperback Edition July 2020

Copyright © 2020 by the author. All rights reserved.

Concis de maths terminale mathématiques complémentaires

Jean Peyre

ÉDITIONS DUCOURT

Table des matières

Algèbre et géométrie   1
    1   Combinatoire 3
    2   Vecteurs droites et plans 7
    3   Orthogonalité et distances 11
    4   Représentations paramétriques 15

Analyse   17
    5   Suites 19
    6   Limites de fonctions 23
    7   Dérivation 27
    8   Continuité des fonctions 29
    9   Trigonométrie 31
    10   Fonction logarithme népérien 35
    11   Primitives et équations différentielles 39
    12   Calcul intégral 43

Probabilité et statistiques   47
    13   Loi binomiale 49
    14   Loi des grands nombres 51
             Une humble requête 55

Chapitre 1

Algèbre et géométrie

1 Combinatoire

Définition 1.1 *Soit N un entier naturel. Lorsqu'un ensemble A a N éléments, on dit que A est un ensemble fini. Le nombre N d'éléments de A est appelé cardinal de A, noté*

$$\mathrm{Card}(A) = N$$

Propriété 1.1 *On considère*
$$A_1, A_2, \ldots, A_n$$
n ensembles finis deux à deux disjoints. On a

$$\mathrm{Card}\,(A_1 \cup A_2 \cup \ldots \cup A_n) = \mathrm{Card}\,(A_1) + \mathrm{Card}\,(A_2) + \ldots + \mathrm{Card}\,(A_n)$$

Corollaire 1.1 *On considère B une partie d'un ensemble E fini et $\bar{B}$ le complémentaire de B dans E. On a :*

$$\mathrm{Card}(\overline{B}) = \mathrm{Card}(E) - \mathrm{Card}(B)$$

Définition 1.2 ***Produit cartésien*** *Soient A et B sont deux ensembles non vides. On appelle produit cartésien de A par B, noté*

$$A \times B$$

l'ensemble des couples $(x;y)$ avec $x \in A$ et $y \in B$. Si A et B sont finis, on a

$$\mathrm{Card}(A \times B) = \mathrm{Card}(A) \times \mathrm{Card}(B)$$

Définition 1.3 ***t-uplets*** *Soient*

$$A_1, A_2, \ldots, A_n$$

des ensembles non vides avec $n \geq 2$.
— *Toute liste ordonnée $(x_1; x_2; \ldots; x_n)$, avec $x_i \in A_i$ pour i allant de 1 à n, est appelée k-uplet (ou k-liste).*
— *L'ensemble de ces k-uplets est le produit cartésien*

$$A_1 \times A_2 \times \ldots \times A_n$$

— *Si les ensembles $A_1, A_2, \ldots, A_n$ sont finis :*

$$\mathrm{Card}\,(A_1 \times A_2 \times \ldots \times A_n) = \mathrm{Card}\,(A_1) \times \mathrm{Card}\,(A_2) \times \ldots \times \mathrm{Card}\,(A_n)$$

Définition 1.4 *Si A est un ensemble non vide, un n-uplet (ou n-liste) d'éléments de A est un élément du produit cartésien :*

$$A^n = A \times A \times \ldots \times A \quad (n \text{ facteurs})$$

Théorème 1.1 *Soit A un ensemble fini tel que*

$$\text{Card}(A) = n > 0$$

Le nombre de k-uplets de A est n^k

$$\text{Card}\left(A^k\right) = n^k$$

Théorème 1.2 *Soit A un ensemble fini tel que*

$$\text{Card}(A) = n > 0$$

et p un entier naturel tel que $1 \leqslant k \leqslant n$. Le nombre de p-uplets d'éléments deux à deux distincts de E est :

$$n(n-1)\ldots(n-p+1)$$

Définition 1.5 Permutation *On appelle permutation d'un ensemble E à n éléments tout n-uplet d'éléments deux à deux distincts de E.*

Théorème 1.3 Factorielle *Le nombre de permutations d'un ensemble à n éléments ($n \geqslant 1$) est le nombre $n!$ ("factorielle n" ou "n factorielle"), défini par :*

$$n! = n \times (n-1) \times (n-2) \times \ldots \times 2 \times 1$$

Définition 1.6 *Soient A et B deux ensembles. On dit que A est inclus dans B (ou que A est un sous-ensemble de B, ou que A est une partie de B) si tous les éléments de F sont éléments de E. On note*

$$A \subset B$$

Théorème 1.4 *Le nombre de parties d'un ensemble à n éléments est 2^n, c'est-à-dire le nombre de n-uplets de l'ensemble $\{0;1\}$.*

Définition 1.7 *Soient n et p deux entiers tels que $0 \leqslant p \leqslant n$ et A un ensemble fini de cardinal n. On appelle combinaison de p éléments de A toute partie de A ayant p éléments.*

Propriété 1.2 *Soient n et p deux entiers naturels tels que $0 \leqslant p \leqslant n$. Le nombre de combinaisons de p éléments d'un ensemble à n éléments, noté*

$$\binom{n}{p}$$

est donné par

$$\binom{n}{p} = \frac{n(n-1)\ldots(n-p+1)}{p!} = \frac{n!}{(n-p)!p!}$$

Propriété 1.3 *Soit n un entier naturel.*

$$\binom{n}{0} = 1$$

Il existe une seule partie à 0 élément : la partie vide.

$$\binom{n}{1} = n$$

$$\binom{n}{2} = \frac{n(n-1)}{2}$$

$$\binom{n}{n} = 1$$

Il y a une seule partie à n éléments : l'ensemble en entier.
Pour tous entiers n et k vérifiant $0 \leqslant k \leqslant n$,

$$\binom{n}{p} = \binom{n}{n-p}$$

Dénombrer les parties à p éléments revient à dénombrer les parties à $(n-p)$ éléments qui en sont les complémentaires.

Propriété 1.4 *Pour tout entier n,*

$$\sum_{p=0}^{n} \binom{n}{p} = 2^n$$

Théorème 1.5 Relation de Pascal *Pour tous entiers $n \geqslant 2$ et p vérifiant*

$$1 \leqslant p \leqslant n-1$$

on a

$$\binom{n}{p} = \binom{n-1}{p-1} + \binom{n-1}{p}$$

2 Vecteurs droites et plans

Définition 2.1 *Soient A et B deux points de l'espace. On associe le vecteur $\overrightarrow{AB}$ à la translation qui transforme A en B. Deux vecteurs $\overrightarrow{AB}$ et $\overrightarrow{CD}$ sont égaux si et seulement si $ABDC$ est un parallélogramme (éventuellement aplati). On peut alors noter :*

$$\vec{u} = \overrightarrow{AB} = \overrightarrow{CD}$$

$\overrightarrow{AB}$ *et* $\overrightarrow{CD}$ *sont des représentants du vecteur $\vec{u}$.*

Théorème 2.1 *Soient $\vec{u}$ un vecteur et O un point de l'espace. Il existe un unique point M tel que $\overrightarrow{OM} = \vec{u}$. On appelle $\overrightarrow{OM}$ le représentant de $\vec{u}$ d'origine O.*

Définition 2.2 *Soient $\vec{u}$ et $\vec{v}$ deux vecteurs de l'espace de représentants respectifs $\vec{u} = \overrightarrow{AB}$ et $\vec{v} = \overrightarrow{AC}$. La somme des vecteurs $\vec{u}$ et $\vec{v}$ est le vecteur noté $\vec{u} + \vec{v}$ de représentant $\overrightarrow{AD}$ tel que $ABDC$ soit un parallélogramme.*

Propriété 2.1 **Relation de Chasles** *Pour tous points A, B et C de l'espace,*

$$\overrightarrow{AB} + \overrightarrow{BC} = \overrightarrow{AC}$$

Définition 2.3 *On considère $\vec{v}$ un vecteur non nul et a un réel non nul. Le vecteur $a\vec{v}$ a les propriétés suivantes*
— *$a\vec{v}$ a la même direction que $\vec{v}$*
— *$a\vec{v}$ a le même sens que $\vec{v}$ si $a > 0$, le sens contraire de $\vec{v}$ si $a < 0$;*
— *$a\vec{v}$ a pour norme $|a| \times \|\vec{v}\|$*
0 et $\vec{0}$ sont absorbants

$$0\vec{u} = k\vec{0} = \vec{0}$$

Propriété 2.2 *On considère $\vec{u}$ et $\vec{v}$ deux vecteurs de l'espace et p et q deux réels.*

$$p\vec{u} = \vec{0} \Leftrightarrow \{p = 0 \text{ ou } \vec{u} = \vec{0}\}$$

$$p(q\vec{u}) = pq\vec{u}$$

$$(p+q)\vec{u} = p\vec{u} + q\vec{u}$$

$$p(\vec{u} + \vec{v}) = k\vec{u} + k\vec{v}$$

Définition 2.4 *Vecteurs colinéaires* On considère $\vec{u}$ et $\vec{v}$ deux vecteurs non nuls de l'espace. On dit que $\vec{u}$ et $\vec{v}$ sont colinéaires s'il existe un réel p tel que

$$\vec{u} = p\vec{v}$$

Le vecteur nul est colinéaire à tous les vecteurs.

Définition 2.5 On considère deux points distincts de l'espace A et B. La droite (AB) est l'ensemble des points M tels que $\overrightarrow{AM} = p\overrightarrow{AB}$, où $p \in \mathbb{R}$. On dit que $\overrightarrow{AB}$ est un vecteur directeur de la droite (AB).

Définition 2.6 *Vecteurs coplanaires* On considère $\vec{u}, \vec{v}$ et $\vec{w}$ trois vecteurs de l'espace tels que $\vec{u}$ et $\vec{v}$ ne sont pas colinéaires. $\vec{u}, \vec{v}$ et $\vec{w}$ sont coplanaires lorsqu'il existe deux réels p et q tels que

$$\vec{w} = p\vec{u} + q\vec{v}$$

On dit alors que $\vec{w}$ est une combinaison linéaire des vecteurs $\vec{u}$ et $\vec{v}$.

Définition 2.7 *Base, repère* On dit que des points sont coplanaires s'il existe un plan qui contient ces points. Soient O, I et J trois points non alignés de l'espace. Le plan (OIJ) est l'ensemble des points M tels que

$$\overrightarrow{OM} = a\overrightarrow{OI} + b\overrightarrow{OJ}$$

où $a \in \mathbb{R}$ et $b \in \mathbb{R}$.
— On dit que $\overrightarrow{OI}$ et $\overrightarrow{OJ}$ sont des vecteurs directeurs du plan (OIJ)
— $(\overrightarrow{OI}, \overrightarrow{OJ})$ est une base du plan (OIJ)
— $(A; \overrightarrow{AB}, \overrightarrow{AC})$ est un repère du plan (OIJ)

Propriété 2.3 On considère $\vec{u}, \vec{v}$ et $\vec{w}$ trois vecteurs de l'espace tels que

$$\begin{cases} \vec{u} = \overrightarrow{OA} \\ \vec{v} = \overrightarrow{OB} \\ \vec{w} = \overrightarrow{OC} \end{cases}$$

$\vec{u}, \vec{v}$ et $\vec{w}$ sont coplanaires si et seulement si les points O, A, B et C sont coplanaires.

Définition 2.8 On considère d_1 une droite de vecteur directeur $\vec{u_1}$ et d_2 une droite de vecteur directeur $\vec{u_2}$.
— d_1 et d_2 sont parallèles si et seulement si $\vec{u_1}$ et $\vec{u_2}$ sont colinéaires.
— d_1 et d_2 sont coplanaires si et seulement s'il existe un plan qui contient d_1 et d_2.

Propriété 2.4 Soient A, B, C et D quatre points distincts de l'espace. Les droites (AB) et (CD) sont coplanaires si les points A, B, C et D sont coplanaires, c'est-à-dire s'il existe un plan les contenant tous.

Propriété 2.5 *Soient d_1 et d_2 deux droites*
— *d_1 et d_2 sont coplanaires si et seulement si elles sont sécantes ou parallèles.*
— *Si d_1 et d_2 sont non coplanaires, alors leur intersection est vide.*

Définition 2.9 *Soient d une droite et P un plan*
— *d est parallèle à P si elle admet un vecteur directeur colinéaire à un vecteur directeur de P.*
— *Si d n'est pas parallèle à P, alors elle a un unique point d'intersection avec P.*

Définition 2.10
— *Deux plans sont parallèles lorsqu'ils admettent un même couple de vecteurs directeurs non colinéaires.*
— *Deux plans non parallèles sont sécants suivant une droite. Lorsque deux plans sont parallèles, tout plan coupant l'un coupe l'autre et les droites d'intersection sont parallèles.*

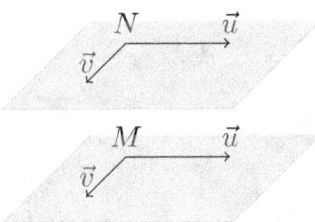

Théorème 2.2 ***Théorème du toit*** *Soient P_1 et P_2 deux plans. Soient d_1 une droite incluse dans P_1 et d_2 une droite incluse dans P_2 telles que $d_1//d_2$. Si P_1 et P_2 sont sécants en une droite Δ, alors $\Delta//d_1//d_2$*

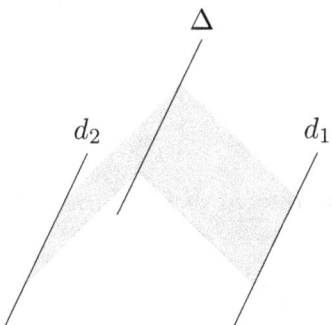

Définition 2.11 *Tout triplet de vecteurs $(\vec{i}, \vec{j}, \vec{k})$ non coplanaires est une base de l'espace.*

Propriété 2.6 *Soit $(\vec{i}, \vec{j}, \vec{k})$ une base de l'espace. Pour tout vecteur $\vec{u}$ de l'espace, il existe un unique triplet $(a; b; c)$ tel que*

$$\vec{u} = a\vec{i} + b\vec{j} + c\vec{k}$$

$(a;b;c)$ sont les coordonnées de $\vec{u}$ dans la base $(\vec{i},\vec{j},\vec{k})$ et on note

$$\vec{u}\begin{pmatrix}a\\b\\c\end{pmatrix}$$

Définition 2.12 *Un repère de l'espace* $(O;\vec{i},\vec{j},\vec{k})$ *est formé d'un point O et d'une base* $(\vec{i},\vec{j},\vec{k})$. *O est appelé l'origine du repère.*

Propriété 2.7 *Soit* $(O;\vec{i},\vec{j},\vec{k})$ *un repère de l'espace et A un point de l'espace, il existe un unique triplet* $(x;y;z)$ *tel que*

$$\overrightarrow{OA} = x\vec{i} + y\vec{j} + z\vec{k}$$

$(x;y;z)$ sont les coordonnées de A dans le repère $(O;\vec{i},\vec{j},\vec{k})$
— x est l'abscisse de A
— y est l'ordonnée de A
— z est la cote de A
On note

$$A(x;y;z)$$

Propriété 2.8 *Soit* $(O;\vec{i},\vec{j},\vec{k})$ *un repère de l'espace. Soient*

$$\vec{u_1}\begin{pmatrix}x_1\\y_1\\z_1\end{pmatrix} \quad et \quad \vec{u_2}\begin{pmatrix}x_2\\y_2\\z_2\end{pmatrix}$$

deux vecteurs et k un réel. Dans la base $(\vec{i},\vec{j},\vec{k})$,

$$\vec{u_1}+\vec{u_2}\begin{pmatrix}x_1+x_2\\y_1+y_2\\z_1+z_2\end{pmatrix}$$

$$k\vec{u_1}\begin{pmatrix}kx_1\\ky_1\\kz_1\end{pmatrix}$$

$\vec{u_1}$ *et* $\vec{u_2}$ *sont colinéaires si et seulement si leurs coordonnées sont proportionnelles.*

Propriété 2.9 *Soient* $(O;\vec{i},\vec{j},\vec{k})$ *un repère de l'espace et* $M(x_M;y_M;z_M)$ *et* $N(x_N;y_N;z_N)$ *deux points de l'espace. Le milieu I du segment $[MN]$ a pour coordonnées*

$$I\left(\frac{x_M+x_N}{2};\frac{y_M+y_N}{2};\frac{z_M+z_N}{2}\right)$$

et dans la base $(\vec{i},\vec{j},\vec{k})$,

$$\overrightarrow{MN}\begin{pmatrix}x_N-x_M\\y_N-y_M\\z_N-z_M\end{pmatrix}$$

3 Orthogonalité et distances

Définition 3.1 *Soient $\vec{u}$ et $\vec{v}$ deux vecteurs de l'espace. A, B et C trois points tels que $\vec{u} = \overrightarrow{AB}$ et $\vec{v} = \overrightarrow{AC}$. Il existe un plan P contenant A, B et C. On appelle produit scalaire de $\vec{u}$ et $\vec{v}$, noté $\vec{u} \cdot \vec{v}$, le produit scalaire $\overrightarrow{AB} \cdot \overrightarrow{AC}$ dans le plan P.*

Propriété 3.1 *Soient A, B et C trois points de l'espace, B et C étant distincts de A. Si les vecteurs $\vec{u}$ et $\vec{v}$ sont tels que $\vec{u} = \overrightarrow{AB}$ et $\vec{v} = \overrightarrow{AC}$, alors :*

$$\vec{u} \cdot \vec{v} = \|\vec{u}\| \times \|\vec{v}\| \times \cos(\widehat{BAC}) = AB \times AC \times \cos(\widehat{BAC})$$

Soit H le projeté orthogonal de C sur la droite (AB). Si $\overrightarrow{AB}$ et $\overrightarrow{AH}$ ont le même sens on a

$$\overrightarrow{AB} \cdot \overrightarrow{AC} = AB \times AH$$

sinon

$$\overrightarrow{AB} \cdot \overrightarrow{AC} = -AB \times AH$$

Propriété 3.2 *Soient trois vecteurs $\vec{u}, \vec{v}$ et $\vec{w}$ et k un nombre réel. On a :*

$$\vec{u} \cdot \vec{v} = \vec{v} \cdot \vec{u} \text{ (symétrie)}$$
$$\vec{u} \cdot (\vec{v} + \vec{w}) = \vec{u} \cdot \vec{v} + \vec{u} \cdot \vec{w} \quad \text{(bilinéarité)}$$
$$\vec{u} \cdot (k\vec{v}) = (k\vec{u}) \cdot \vec{v} = k(\vec{u} \cdot \vec{v}) \quad \text{(bilinéarité)}$$

Propriété 3.3 *Identités remarquables Soient deux vecteurs $\vec{u}$ et $\vec{v}$.*

$$\|\vec{u} + \vec{v}\|^2 = \|\vec{u}\|^2 + 2\vec{u} \cdot \vec{v} + \|\vec{v}\|^2$$
$$\|\vec{u} - \vec{v}\|^2 = \|\vec{u}\| - 2\vec{u} \cdot \vec{v} + \|\vec{v}\|^2$$
$$(\vec{u} + \vec{v}) \cdot (\vec{u} - \vec{v}) = \|\vec{u}\|^2 - \|\vec{v}\|^2$$

Corollaire 3.1 *Formules de polarisation Soient deux vecteurs $\vec{u}$ et $\vec{v}$.*

$$\vec{u} \cdot \vec{v} = \frac{1}{2}\left(\|\vec{u} + \vec{v}\|^2 - \|\vec{u}\|^2 - \|\vec{v}\|^2\right)$$

$$\vec{u} \cdot \vec{v} = \frac{1}{2}\left(\|\vec{u}\|^2 + \|\vec{v}\|^2 - \|\vec{u} - \vec{v}\|^2\right)$$

$$\vec{u} \cdot \vec{v} = \frac{1}{4}\left(\|\vec{u} + \vec{v}\|^2 - \|\vec{u} - \vec{v}\|^2\right)$$

Définition 3.2 *Deux vecteurs $\vec{u}$ et $\vec{v}$ sont orthogonaux lorsque*

$$\vec{u} \cdot \vec{v} = 0$$

Définition 3.3 *On considère d_1 et d_2 deux droites de l'espace. d_1 et d_2 sont orthogonales si un vecteur directeur de l'une est orthogonal à un vecteur directeur de l'autre.*

Propriété 3.4 *On considère d_1 et d_2 deux droites de l'espace. Elles sont orthogonales si et seulement si tout vecteur directeur de d_1 est orthogonal à tout vecteur directeur de d_2.*

Propriété 3.5 *On considère d_1 et d_2 deux droites de l'espace. Elles sont orthogonales si et seulement s'il existe une droite d_3 parallèle à d_1 et perpendiculaire à d_2. Si deux droites sont parallèles, alors toute droite orthogonale à l'une est orthogonale à l'autre. Si deux droites sont orthogonales, alors toute droite parallèle à l'une est orthogonale à l'autre.*

Définition 3.4 *Soient P un plan de base $(\vec{i}, \vec{j})$ et d une droite de vecteur directeur $\vec{u}$. La droite d et le plan P sont orthogonaux si $\vec{u}$ est orthogonal à $\vec{i}$ et à $\vec{j}$.*

Propriété 3.6 *Une droite est orthogonale à un plan si et seulement si elle est orthogonale à deux droites sécantes de ce plan.*
— *Si une droite est orthogonale à un plan, alors elle est orthogonale à toute droite de ce plan.*
— *Si deux droites sont parallèles, alors tout plan orthogonal à l'une est orthogonal à l'autre.*

Propriété 3.7
— *Si deux plans sont parallèles, alors toute droite orthogonale à l'un est orthogonale à l'autre.*
— *Si deux plans sont orthogonaux à une même droite, alors ils sont parallèles entre eux.*

Définition 3.5 *Soit P un plan de base $(\vec{i}, \vec{j})$. Un vecteur non nul $\vec{n}$ est normal au plan P s'il est non nul et orthogonal à $\vec{i}$ et à $\vec{j}$.*

Propriété 3.8 *Soient A un point et $\vec{n}$ un vecteur non nul. Il existe un unique plan de vecteur normal $\vec{n}$ passant par A.*

Définition 3.6 *Soient P_1 un plan de vecteur normal $\vec{n}_1$ et P_2 un plan de vecteur normal $\vec{n}_2$. P_1 est perpendiculaire à P_2 si $\vec{n}_1$ est orthogonal à $\vec{n}_2$.*

Propriété 3.9
— *Un vecteur est normal à un plan si et seulement s'il est orthogonal à tout vecteur directeur de ce plan.*

- *Une droite est orthogonale à un plan si et seulement si un vecteur directeur de cette droite est colinéaire à un vecteur normal à ce plan.*
- *Une droite est parallèle à un plan si et seulement si un vecteur directeur de cette droite est orthogonal à un vecteur normal à ce plan.*
- *Soient P_1 un plan de vecteur normal $\vec{n}_1$ et P_2 un plan de vecteur normal $\vec{n}_2$. P_1 est parallèle à P_2 si et seulement si $\vec{n}_1$ est colinéaire à $\vec{n}_2$.*

Propriété 3.10 *Soient A un point et d une droite de l'espace. Il existe un unique plan passant par A et orthogonal à d. La droite d est alors sécante avec ce plan et leur point d'intersection est appelé projeté orthogonal de A sur d.*

Propriété 3.11 *Soient A un point et P un plan de l'espace. Il existe une unique droite passant par A et orthogonale à P. Le plan P est alors sécant avec cette droite et leur point d'intersection est appelé projeté orthogonal de A sur P.*

Définition 3.7 Base orthonormée *Une base de l'espace est dite orthonormée si ses trois vecteurs soient orthogonaux deux à deux et tous de norme 1 $(\vec{i},\vec{j},\vec{k})$ est orthonormée si :*

$$\vec{i}\cdot\vec{j} = \vec{i}\cdot\vec{k} = \vec{j}\cdot\vec{k} = 0$$

et

$$\|\vec{i}\| = \|\vec{j}\| = \|\vec{k}\| = 1$$

Définition 3.8 *Un repère orthonormé $(O;\vec{i},\vec{j},\vec{k})$ est un repère tel que la base $(\vec{i},\vec{j},\vec{k})$ soit orthonormée.*

Propriété 3.12 *Dans une base orthonormée $(\vec{i},\vec{j},\vec{k})$ de l'espace, on considère deux vecteurs*

$$\vec{u}\begin{pmatrix}x\\y\\z\end{pmatrix},\ \vec{v}\begin{pmatrix}x'\\y'\\z'\end{pmatrix}$$

On a alors

$$\vec{u}\cdot\vec{v} = xx' + yy' + zz'$$

et

$$\|\vec{u}\| = \sqrt{x^2 + y^2 + z^2}$$

Corollaire 3.2 *Dans un repère orthonormé $(O;\vec{i},\vec{j},\vec{k})$ de l'espace, on considère deux points $A(x_A;y_A;z_A)$ et $B(x_B;y_B;z_B)$. On a alors*

$$AB = \sqrt{(x_B - x_A)^2 + (y_B - y_A)^2 + (z_B - z_A)^2}$$

Propriété 3.13 *On considère A un point de l'espace et P un plan passant par un point B et de vecteur normal $\vec{n}$. Le projeté orthogonal H de A sur le plan P est le point du plan P le plus proche de A. La distance AH est appelée distance du point A au plan P, et on a :*

$$AH = \frac{|\overrightarrow{AB} \cdot \vec{n}|}{\|\vec{n}\|}$$

Propriété 3.14 *On considère A un point de l'espace et d une droite de l'espace passant par un point B et de vecteur directeur $\vec{u}$. Le projeté orthogonal H de A sur la droite d est le point de la droite d le plus proche de A. La distance AH est appelée distance du point A à la droite d, et on a :*

$$AH = \left\| \overrightarrow{AB} - \frac{\overrightarrow{AB} \cdot \vec{u}}{\|\vec{u}\|^2} \vec{u} \right\|$$

4 Représentations paramétriques

Propriété 4.1 *On considère $A(x_A; y_A; z_A)$ un point de l'espace et*

$$\vec{u} \begin{pmatrix} a \\ b \\ c \end{pmatrix}$$

un vecteur non nul de l'espace. Soit $M(x; y; z)$ un point de l'espace. Le point M appartient à la droite d passant par A de vecteur directeur $\vec{u}$, si et seulement s'il existe un réel t tel que :

$$\begin{cases} x = x_A + at \\ y = y_A + bt \\ z = z_A + ct \end{cases}$$

Ce système est une représentation paramétrique de d.

Propriété 4.2 *On considère P un plan de l'espace, A un point de P et $\vec{n}$ un vecteur normal à P. Un point M de l'espace appartient au plan P si et seulement si :*

$$\overrightarrow{AM} \cdot \vec{n} = 0$$

Propriété 4.3 *On considère P le plan passant par le point $A(x_A; y_A; z_A)$ et de vecteur normal*

$$\vec{n} \begin{pmatrix} a \\ b \\ c \end{pmatrix}$$

Le plan P est l'ensemble des points de l'espace dont les cordonnées $(x; y; z)$ vérifient l'équation :

$$ax + by + cz + d = 0$$

où

$$d = -ax_A - by_A - cz_A$$

Cette équation est une équation cartésienne du plan P.

Propriété 4.4 *On considère d un réel. L'ensemble des points $M(x; y; z)$ dont les coordonnées vérifient l'équation*

$$ax + by + cz + d = 0$$

est un plan P de vecteur normal
$$\vec{n}\begin{pmatrix}a\\b\\c\end{pmatrix}$$

Chapitre 2

Analyse

5 Suites

Axiome 5.1 *Principe de récurrence.* Soit $H(n)$ désigne une propriété au rang n. Soit n_0 un entier naturel, si on démontre les deux étapes suivantes :
— étape 1 (initialisation) : $H(n_0)$ est vraie
— étape 2 (hérédité) : pour tout entier $k \geqslant n_0$, "$H(k)$ est vraie" implique "$H(k+1)$ est vraie";

alors on peut conclure que $H(n)$ est vraie pour tout entier $n \geqslant n_0$.

Définition 5.1 *Une suite (u_n) définie sur $\mathbb{N}$ est :*
— *croissante si et seulement si, pour tout entier naturel n*

$$u_{n+1} \geqslant u_n$$

— *décroissante si et seulement si, pour tout entier naturel n*

$$u_{n+1} \leqslant u_n$$

Une suite (u_n) est dite monotone lorsqu'elle est croissante ou décroissante.

Définition 5.2 *Une suite (u_n) définie sur $\mathbb{N}$ est :*
— *majorée s'il existe un réel M tel que, pour tout entier naturel n*

$$u_n \leqslant M$$

  M est appelé un majorant de (u_n)
— *minorée s'il existe un réel m tel que, pour tout entier naturel n,*

$$u_n \geqslant m$$

  m est appelé un minorant de (u_n)
— *bornée si elle est à la fois majorée et minorée.*

Limites de suites

Définition 5.3 *Soit ℓ un réel. Une suite (u_n) a pour limite ℓ quand n tend vers $+\infty$ lorsque tout intervalle ouvert contenant ℓ contient tous les termes u_n à partir d'un certain rang. On dit alors que (u_n) est convergente et converge vers ℓ.*

Propriété 5.1 *La limite d'une suite (u_n) convergente est unique. On note*

$$\lim_{n \to +\infty} u_n = \ell$$

Propriété 5.2 *limites des suites usuelles*

$$\lim_{n \to +\infty} \frac{1}{\sqrt{n}} = 0$$

$$\lim_{n \to +\infty} \frac{1}{n^k} = 0$$

$$\lim_{n \to +\infty} \sqrt{n} = +\infty$$

$$\lim_{n \to +\infty} n^k = +\infty$$

où k est un entier naturel non nul.

Définition 5.4 *Une suite qui n'est pas convergente est dite divergente.*

Définition 5.5 *Une suite (u_n) tend vers $+\infty$ (respectivement vers $-\infty$) lorsque tout intervalle de la forme $[A; +\infty[$ (respectivement de la forme $]-\infty; A]$) contient tous les termes u_n à partir d'un certain rang. On note*

$$\lim_{n \to +\infty} u_n = +\infty$$

(respectivement $\lim_{n \to +\infty} u_n = -\infty$) On dit alors que (u_n) diverge vers $+\infty$ (respectivement vers $-\infty$).

Addition ou soustraction

FI=Forme Indéterminée

$\lim_{n \to +\infty} u_n$	ℓ	ℓ	ℓ	$+\infty$	$-\infty$	$+\infty$
$\lim_{n \to +\infty} v_n$	ℓ'	$+\infty$	$-\infty$	$+\infty$	$-\infty$	$-\infty$
$\lim_{n \to +\infty}(u_n + v_n)$	$\ell + \ell'$	$+\infty$	$-\infty$	$+\infty$	$-\infty$	FI

Produit

$\lim_{n \to +\infty} u_n$	ℓ	$\ell > 0$	$\ell < 0$	$\ell > 0$	$\ell < 0$	$+\infty$	$-\infty$	$+\infty$	0
$\lim_{n \to +\infty} u_n$	ℓ'	$+\infty$	$+\infty$	$-\infty$	$-\infty$	$+\infty$	$-\infty$	$-\infty$	$\pm\infty$
$\lim_{n \to +\infty}(u_n \times v_n)$	$\ell\ell'$	$+\infty$	$-\infty$	$-\infty$	$+\infty$	$+\infty$	$+\infty$	$-\infty$	FI

Quotient

$\lim_{n\to+\infty} u_n$	ℓ	ℓ	ℓ	$+\infty$	0	$\pm\infty$	0	$\pm\infty$
$\lim_{n\to+\infty} v_n$	$\ell' \neq 0$	$\pm\infty$	0	ℓ'	$\pm\infty$	0	0	$\pm\infty$
$\lim_{n\to+\infty} \frac{u_n}{v_n}$	$\frac{\ell}{\ell'}$	0	$\pm\infty$	$\pm\infty$	0	$\pm\infty$	FI	FI

Théorème 5.1 *Soient (u_n) et (v_n) deux suites telles que, à partir d'un certain rang*

$$u_n \leqslant v_n$$

alors

$$si \lim_{n\to+\infty} u_n = +\infty, \text{ alors } \lim_{n\to+\infty} v_n = +\infty$$

$$si \lim_{n\to+\infty} v_n = -\infty, \text{ alors } \lim_{n\to+\infty} u_n = -\infty$$

Théorème 5.2 *Théorème des gendarmes* *Soient n_0 un entier naturel et ℓ un réel. Soient $(u_n), (v_n)$ et (w_n) trois suites telles que, pour tout $n \geqslant n_0$,*

$$u_n \leqslant v_n \leqslant w_n$$

Si (u_n) et (w_n) convergent vers la même limite ℓ, alors (v_n) converge aussi vers ℓ.

Propriété 5.3 *Soit n_0 un entier naturel, soient ℓ et ℓ' deux réels. Soient (u_n) et (v_n) deux suites telles que, pour tout $n \geqslant n_0$,*

$$u_n \leqslant v_n$$

Si (u_n) converge vers ℓ et si (v_n) converge vers ℓ', alors $\ell \leqslant \ell'$.

Propriété 5.4 *Soient ℓ un réel et (u_n) une suite définie pour tout entier naturel n.*
 — *Si (u_n) est croissante et converge vers ℓ, alors, pour tout $n \in \mathbb{N}$,*

$$u_n \leqslant \ell$$

 — *Si (u_n) est décroissante et converge vers ℓ, alors, pour tout $n \in \mathbb{N}$,*

$$u_n \geqslant \ell$$

Suite géométrique, monotone

Propriété 5.5 *Soit q un réel.*
- *Si $\quad q \leqslant -1 \quad$ alors la suite (q^n) diverge et n'admet pas de limite.*
- *Si $-1 < q < 1$ alors la suite (q^n) converge vers 0.*
- *Si $\quad q = 1 \quad$ alors la suite (q^n) converge vers 1.*
- *Si $\quad q > 1 \quad$ alors la suite (q^n) diverge vers $+\infty$.*

Théorème 5.3
- *Si (u_n) est croissante et majorée, alors (u_n) converge.*
- *Si (u_n) est décroissante et minorée, alors (u_n) converge.*

Corollaire 5.1
- *Si (u_n) est croissante et majorée par M, alors (u_n) converge vers une limite ℓ telle que*
$$\ell \leqslant M$$
- *Si (u_n) est décroissante et minorée par m, alors (u_n) converge vers une limite ℓ telle que*
$$\ell \geqslant m$$

Théorème 5.4
- *Si (u_n) est croissante et non majorée, alors (u_n) diverge vers $+\infty$.*
- *Si (u_n) est décroissante et non minorée, alors (u_n) diverge vers $-\infty$.*

6 Limites de fonctions

Définition 6.1
— Une fonction f a pour limite $+\infty$ en $+\infty$ si tout intervalle ouvert de la forme $]a;+\infty[$ contient toutes les valeurs de $f(x)$ pour x suffisamment grand. On note
$$\lim_{x \to +\infty} f(x) = +\infty$$

— Une fonction f a pour limite $-\infty$ en $+\infty$ si tout intervalle ouvert de la forme $]-\infty;a[$ contient toutes les valeurs de $f(x)$ pour x suffisamment grand. On note
$$\lim_{x \to +\infty} f(x) = -\infty$$

On définit de la même manière les limites infinies en $-\infty$.

Propriété 6.1 *Soit n un entier supérieur ou égal à 1. On a :*
$$\lim_{x \to +\infty} \sqrt{x} = +\infty$$
$$\lim_{x \to +\infty} x^n = +\infty$$
$$\lim_{x \to -\infty} x^n = \begin{cases} -\infty & \text{si } n \text{ est impair} \\ +\infty & \text{si } n \text{ est pair} \end{cases}$$
$$\lim_{x \to +\infty} e^x = +\infty$$

Définition 6.2 *On considère ℓ un réel. Une fonction f a pour limite ℓ en $+\infty$ lorsque tout intervalle ouvert contenant ℓ contient toutes les valeurs de $f(x)$ pour x suffisamment grand. On note*
$$\lim_{x \to +\infty} f(x) = \ell$$

On définit de la même manière la limite finie de f en $-\infty$.

Définition 6.3 *Si une fonction f a pour limite un réel ℓ en $+\infty$, on dit que sa courbe représentative admet la droite d'équation $y = \ell$ pour asymptote horizontale en $+\infty$. On définit de la même manière une asymptote horizontale en $-\infty$.*

Propriété 6.2 *Soit n un entier supérieur ou égal à 1. On a :*

$$\lim_{x \to +\infty} \frac{1}{x^n} = 0$$

$$\lim_{x \to +\infty} \frac{1}{\sqrt{x}} = 0$$

$$\lim_{x \to -\infty} \frac{1}{x^n} = 0$$

$$\lim_{x \to -\infty} e^x = 0$$

Définition 6.4 *On considère a un réel. Une fonction f a pour limite $+\infty$ en a si tout intervalle de la forme $]b;+\infty[$ contient toutes les valeurs de $f(x)$ pour x suffisamment proche de a. On note*

$$\lim_{x \to a} f(x) = +\infty$$

Une fonction f a pour limite $-\infty$ en a si tout intervalle de la forme $]-\infty;b[$ contient toutes les valeurs de $f(x)$ pour x suffisamment proche de a. On note

$$\lim_{x \to a} f(x) = -\infty$$

On considère ℓ un réel. Une fonction f a pour limite ℓ en a si tout intervalle ouvert contenant ℓ contient toutes les valeurs de $f(x)$ pour x suffisamment proche de a. On note

$$\lim_{x \to a} f(x) = \ell$$

Définition 6.5 *On considère a un réel. Lorsqu'une fonction f a pour limite $+\infty$ ou $-\infty$ en a (à gauche ou à droite), on dit que sa courbe représentative admet la droite d'équation $x = a$ comme asymptote verticale.*

Addition ou soustraction

FI=Forme Indéterminée

$\lim_{n \to +\infty} f$	ℓ	ℓ	ℓ	$+\infty$	$-\infty$	$+\infty$
$\lim_{n \to +\infty} g$	ℓ'	$+\infty$	$-\infty$	$+\infty$	$-\infty$	$-\infty$
$\lim_{n \to +\infty} (f+g)$	$\ell + \ell'$	$+\infty$	$-\infty$	$+\infty$	$-\infty$	FI

Produit

$\lim_{n\to+\infty} f$	ℓ	$\ell>0$	$\ell<0$	$\ell>0$	$\ell<0$	$+\infty$	$-\infty$	$+\infty$	0
$\lim_{n\to+\infty} g$	ℓ'	$+\infty$	$+\infty$	$-\infty$	$-\infty$	$+\infty$	$-\infty$	$-\infty$	$\pm\infty$
$\lim_{n\to+\infty}(f\times g)$	$\ell\ell'$	$+\infty$	$-\infty$	$-\infty$	$+\infty$	$+\infty$	$+\infty$	$-\infty$	FI

Quotient

$\lim_{n\to+\infty} f$	ℓ	ℓ	ℓ	$+\infty$	0	$\pm\infty$	0	$\pm\infty$
$\lim_{n\to+\infty} g$	$\ell\neq 0'$	$\pm\infty$	0	ℓ'	$\pm\infty$	0	0	$\pm\infty$
$\lim_{n\to+\infty} \frac{f}{g}$	$\frac{\ell}{\ell'}$	0	$\pm\infty$	$\pm\infty$	0	$\pm\infty$	FI	FI

Propriété 6.3 *Composition Si*

$$\begin{cases} \lim_{x\to a} f(x) = b \\ \lim_{X\to b} g(X) = c \end{cases}$$

alors

$$\lim_{x\to a} g(f(x)) = c$$

Propriété 6.4 *On considère f une fonction et (u_n) la suite définie pour tout entier naturel n par $u_n = f(n)$ si*

$$\lim_{x\to+\infty} f(x) = a$$

alors

$$\lim_{n\to+\infty} u_n = a$$

On considère f une fonction définie sur un intervalle I et (u_n) une suite définie sur $\mathbb{N}$ dont tous les termes appartiennent à I. Si

$$\lim_{n\to+\infty} u_n = a$$

et

$$\lim_{x\to a} f(x) = b$$

alors

$$\lim_{n\to+\infty} f(u_n) = b$$

Théorème 6.1 *On considère deux fonctions f et g telles que $f(x) \leqslant g(x)$ sur un intervalle $[b; +\infty[$. si*

$$\lim_{x \to +\infty} f(x) = +\infty$$

alors

$$\lim_{x \to +\infty} g(x) = +\infty$$

Si

$$\lim_{x \to +\infty} g(x) = -\infty$$

alors

$$\lim_{x \to +\infty} f(x) = -\infty$$

Le théorème est aussi vrai lorsque x tend vers $-\infty$ ou vers un réel a.

Théorème 6.2 *__Théorème des gendarmes__ On considère ℓ un réel et trois fonctions f, g et h telles que $f(x) \leqslant g(x) \leqslant h(x)$ sur un intervalle $[b; +\infty[$. Si*

$$\lim_{x \to +\infty} f(x) = \ell$$

et

$$\lim_{x \to +\infty} h(x) = \ell$$

alors

$$\lim_{x \to +\infty} g(x) = \ell$$

Le théorème est aussi vrai lorsque x tend vers $-\infty$ ou vers un réel a.

Théorème 6.3 *__Théorème des croissances comparées__*
Pour tout entier naturel n, on a :

$$\lim_{x \to +\infty} \frac{e^x}{x^n} = +\infty$$

$$\lim_{x \to -\infty} x^n e^x = 0$$

7 Dérivation

Définition 7.1 *On considère f et g deux fonctions dont les ensembles de définition sont notés D_f et D_g. La fonction composée de f par g, notée $g \circ f$, est la fonction définie par*

$$(g \circ f)(x) = g(f(x))$$

L'ensemble de définition de $g \circ f$ est l'ensemble des réels x appartenant à D_f dont l'image par f appartient à D_g.

Propriété 7.1 *On considère f une fonction dérivable sur un intervalle I_f et g une fonction dérivable sur un intervalle I_g telles que pour tout $x \in I_f, u(x) \in I_g$. La fonction $g \circ f$ est dérivable sur I_f et on a*

$$(g \circ f)' = (g' \circ f) \times f'$$

Propriété 7.2
— *La fonction f, définie sur I par $f(x) = e^{u(x)}$, est dérivable sur I et*

$$f'(x) = u'(x)e^{u(x)}$$

— *Si, pour tout x de $I, u(x) > 0$, alors la fonction f définie sur I par $f(x) = \sqrt{u(x)}$ est dérivable sur I et*

$$f'(x) = \frac{u'(x)}{2\sqrt{u(x)}}$$

— *Soit n un entier relatif non nul et f la fonction définie sur I par $f(x) = (u(x))^n$*
— *Si $n \geq 1$, alors f est dérivable sur I et*

$$f'(x) = nu'(x)(u(x))^{n-1}$$

— *Si $n \leq -1$ et si u ne s'annule pas sur I, alors f est dérivable sur I et*

$$f'(x) = nu'(x)(u(x))^{n-1}$$

Définition 7.2 *On considère f une fonction dérivable sur un intervalle I et f' sa fonction dérivée. La fonction f est deux fois dérivable sur I si f' est elle-même dérivable sur I. On note f'' la dérivée de f'. Elle est appelée dérivée seconde de f*

Définition 7.3 *On considère f une fonction définie sur un intervalle I et C_f sa courbe représentative dans un repère.*

— f est convexe sur I si, pour tous réels a et b de I, la partie de la courbe C_f située entre les points $A(a; f(a))$ et $B(b; f(b))$ est en dessous de la sécante (AB)
— f est concave sur I si, pour tous réels a et b de I, la partie de la courbe C_f située entre les points $A(a; f(a))$ et $B(b; f(b))$ est au-dessus de la sécante (AB)

Définition 7.4 *Point d'inflexion* *On considère f une fonction définie sur un intervalle I, C_f sa courbe représentative et A un point de C_f. A est un point d'inflexion de C_f si C_f admet une tangente en A et si C_f traverse cette tangente en A.*

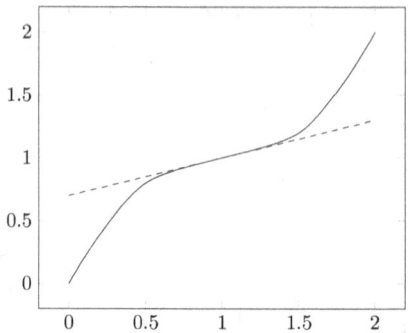

Propriété 7.3 *On considère f une fonction définie et deux fois dérivable sur un intervalle I. On note f' sa dérivée et f'' sa dérivée seconde. Les propositions suivantes sont équivalentes :*
— *f est convexe sur l'intervalle I.*
— *f'' est positive sur l'intervalle I.*
— *f' est croissante sur I.*

Propriété 7.4 *On considère f une fonction définie et deux fois dérivable sur un intervalle I. On note f' sa dérivée et f'' sa dérivée seconde. Les propositions suivantes sont équivalentes :*
— *f est concave sur l'intervalle I.*
— *f'' est négative sur l'intervalle I.*
— *f' est décroissante sur I.*

Propriété 7.5 *On considère f une fonction et C_f sa courbe représentative dans un repère. Soit I un intervalle sur lequel f est dérivable. Sur l'intervalle I, f est convexe si et seulement si C_f est au-dessus de toutes ses tangentes. Sur l'intervalle I, f est concave si et seulement si C_f est en dessous de toutes ses tangentes.*

Propriété 7.6 *On considère f une fonction définie et deux fois dérivable sur un intervalle I, C_f sa courbe représentative et x_0 un réel appartenant à I*
— *Si f' change de sens de variation en x_0, alors C_f admet un point d'inflexion au point d'abscisse x_0.*
— *Si f'' s'annule et change de signe en x_0, alors C_f admet un point d'inflexion au point d'abscisse x_0.*

8 Continuité des fonctions

Définition 8.1 *On considère f une fonction définie sur un intervalle I. Soit $x_0 \in I$. On dit que f est continue en x_0 si*

$$\lim_{x \to x_0} f(x) = f(x_0)$$

On dit que la fonction f est continue sur I si elle est continue en tout point de I.

Propriété 8.1 *continuité des fonctions usuelles* Sont continues sur leur domaine de définition
— Les fonctions affines
— Les fonctions polynômes
— La fonction racine carrée
— La fonction exponentielle
— Les sommes, produits, quotients et composées de fonctions continues

Propriété 8.2 *continuité et dérivabilité*
Une fonction dérivable sur un intervalle I est continue sur I.

Propriété 8.3 *continuité et suites convergentes* *On considère f une fonction continue sur un intervalle I, $x_0 \in I$ et (u_n) une suite à valeurs dans I. Si (u_n) converge vers x_0, alors la suite $(f(u_n))$ converge vers $f(x_0)$.*

Théorème 8.1 *Théorème des valeurs intermédiaires* *On considère f une fonction continue sur un intervalle $[a, b]$. Pour tout réel k compris entre $f(a)$ et $f(b)$, l'équation*

$$f(x) = k$$

admet au moins une solution dans l'intervalle $[a, b]$.

Théorème 8.2 *Théorème des valeurs intermédiaires monotone* *On considère f une fonction continue et strictement monotone sur un intervalle $[a, b]$ Pour tout réel k compris entre $f(a)$ et $f(b)$, l'équation*

$$f(x) = k$$

admet une unique solution dans l'intervalle $[a, b]$.

Théorème 8.3 *On considère un intervalle* $]a,b[$ *où a est soit un réel, soit $-\infty$ et b est soit un réel, soit $+\infty$. Soit f une fonction continue sur l'intervalle $]a,b[$.*
— *Pour tout réel k strictement compris entre $\lim_{x \to a} f(x)$ et $\lim_{x \to b} f(x)$, l'équation $f(x) = k$ admet au moins une solution dans $]a,b[$.*
— *Si, de plus, f est strictement monotone sur $]a,b[$, alors cette solution est unique.*

9 Trigonométrie

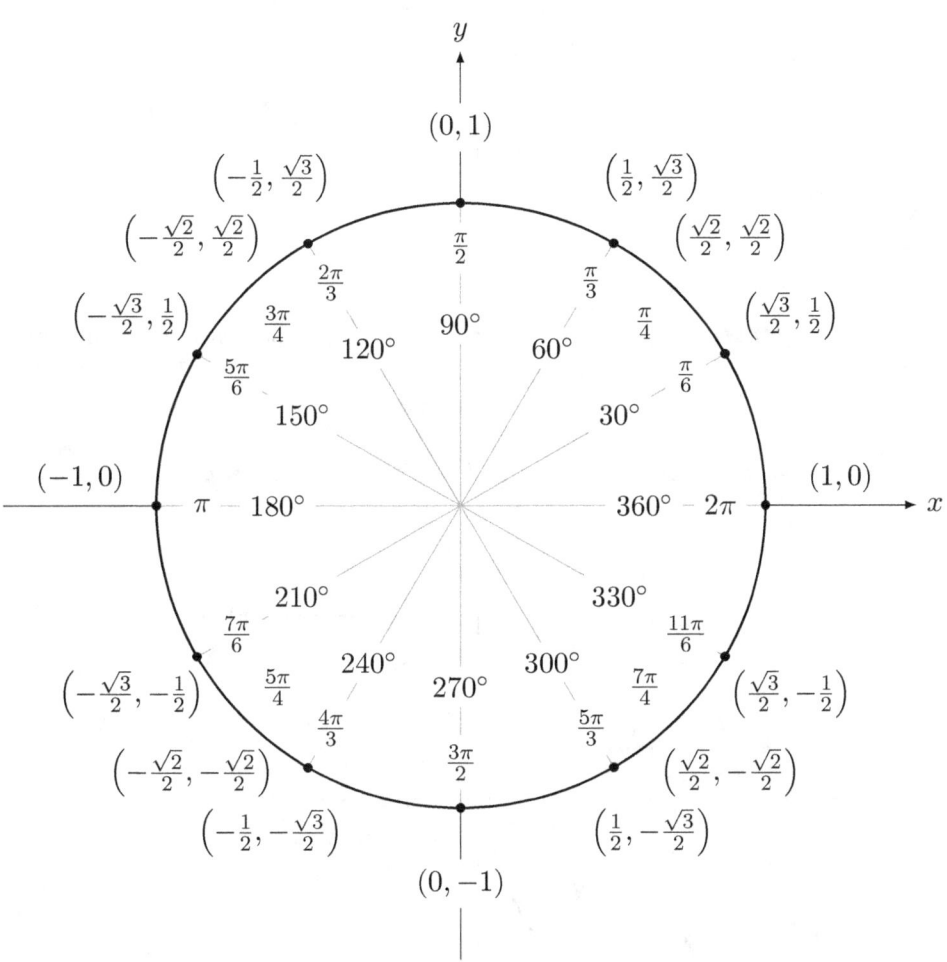

Définition 9.1 *Soit M le point-image d'un réel x sur le cercle trigonométrique dans un repère orthonormé direct $(O; I, J)$. On a ainsi $M(\cos(x); \sin(x))$. La fonction cosinus, notée cos, est définie sur $\mathbb{R}$ par :*

$$\cos : x \mapsto \cos(x)$$

La fonction sinus, notée sin, est définie sur $\mathbb{R}$ par :

$$\sin : x \mapsto \sin(x)$$

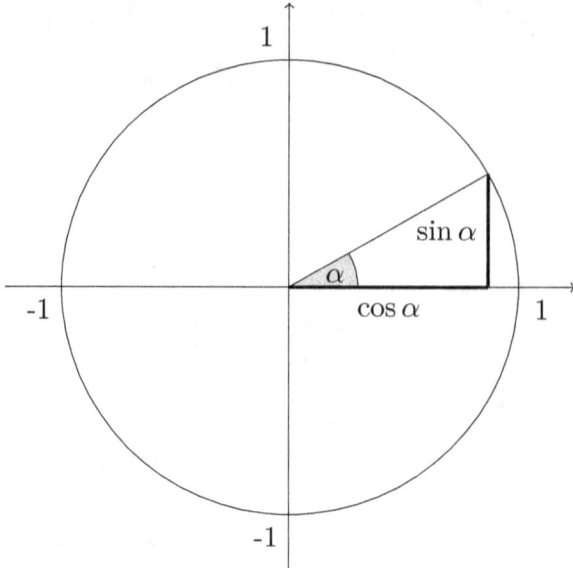

Propriété 9.1 *La fonction cosinus est dérivable sur $\mathbb{R}$ et sa dérivée est la fonction*

$$-\sin : x \mapsto -\sin(x)$$

La fonction sinus est dérivable sur $\mathbb{R}$ et sa dérivée est la fonction

$$\cos : x \mapsto \cos(x)$$

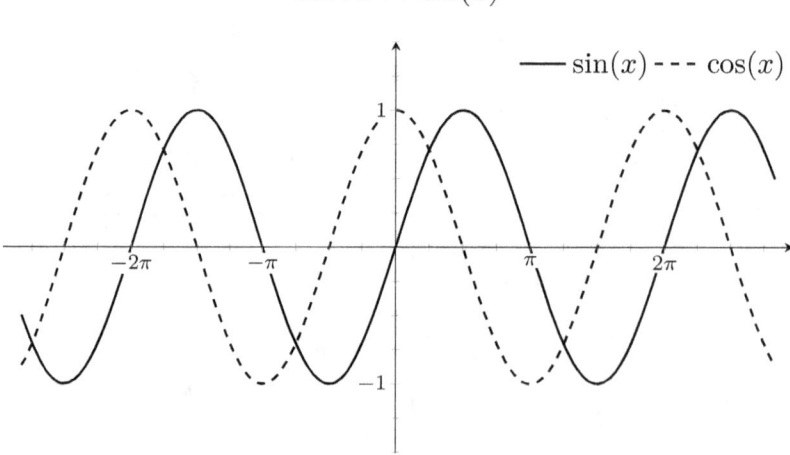

Propriété 9.2 *On considère a et b deux nombres réels. La fonction $x \mapsto \cos(ax+b)$ est dérivable sur $\mathbb{R}$ et sa dérivée est la fonction :*

$$x \mapsto -a\sin(ax+b)$$

La fonction $x \mapsto \sin(ax+b)$ est dérivable sur $\mathbb{R}$ et sa dérivée est la fonction :

$$x \mapsto a\cos(ax+b)$$

Propriété 9.3 *Soit u une fonction dérivable sur un intervalle I de $\mathbb{R}$. . La fonction $\cos(u)$ est dérivable sur I et sa dérivée est la fonction $-u' \times (\sin(u))$. La fonction $\sin(u)$ est dérivable sur I et sa dérivée est la fonction $u' \times (\cos(u))$*

Propriété 9.4 *Les fonctions sinus et cosinus n'ont pas de limite en $-\infty$ et en $+\infty$.*

$$\lim_{x \to 0} \frac{\sin(x)}{x} = 1$$

$$\lim_{x \to 0} \frac{\cos(x) - 1}{x} = 0$$

Propriété 9.5 *Pour tout réel x :*
- *$\cos(-x) = \cos(x)$. La fonction cosinus est paire. Sa représentation graphique admet l'axe des ordonnées comme axe de symétrie.*
- *$\cos(x + 2\pi) = \cos(x)$. La fonction cosinus est périodique de période 2π. La courbe se répète sur des intervalles de longueur 2π.*
- *$\sin(-x) = -\sin(x)$. La fonction sinus est impaire. Sa représentation graphique admet l'origine O du repère comme centre de symétrie.*
- *$\sin(x + 2\pi) = \sin(x)$. La fonction sinus est périodique de période 2π. La courbe se répète sur des intervalles de longueur 2π.*

10 Fonction logarithme népérien

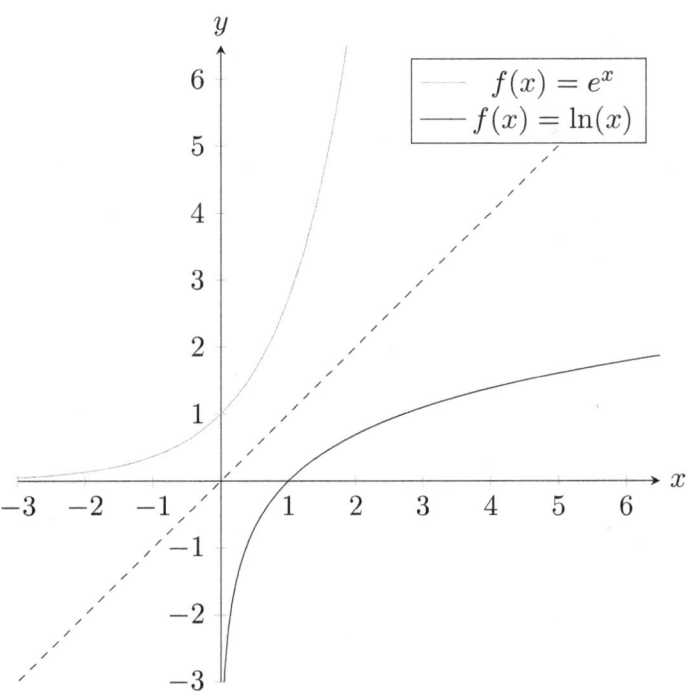

Propriété 10.1 *Soit $a > 0$ un réel. L'équation*

$$e^x = a$$

d'inconnue x, admet une solution unique dans $\mathbb{R}$. Cette solution se note

$$x = \ln(a)$$

et s'appelle le logarithme népérien de a. La fonction qui, à tout réel $a > 0$, associe le réel $\ln(a)$ s'appelle la fonction logarithme népérien. C'est la fonction réciproque de la fonction exponentielle. Elle est définie sur $]0; +\infty[$ et elle est notée $\ln$.

Propriété 10.2 *Dans un repère orthonormé, les courbes représentatives des fonctions exponentielle et logarithme népérien sont symétriques par rapport à la droite d'équation $y = x$.*

Propriété 10.3

— *Pour tout réel $b > 0$ et pour tout réel a,*
$$e^a = b \Leftrightarrow a = \ln(b)$$

— $\ln(1) = 0$ et $\ln(e) = 1$
— *Pour tout réel $a > 0$,*
$$e^{\ln(a)} = a$$

— *Pour tout réel a,*
$$\ln(e^a) = a$$

Propriété 10.4 *Pour tous réels $x > 0$ et $y > 0$,*
$$\ln(xy) = \ln(x) + \ln(y)$$

Propriété 10.5 *Pour tous réels $x > 0$ et $y > 0$:*
$$\ln\left(\frac{1}{x}\right) = -\ln(x)$$

$$\ln\left(\frac{x}{y}\right) = \ln(x) - \ln(y)$$

Pour tout entier relatif n,
$$\ln(x^n) = n \times \ln(x)$$

$$\ln(\sqrt{x}) = \frac{1}{2}\ln(x)$$

Propriété 10.6 *La fonction logarithme népérien est continue et dérivable sur $]0;+\infty[$ et, pour tout réel $x > 0$:*
$$\ln'(x) = \frac{1}{x}$$

Soit u une fonction dérivable sur un intervalle I telle que, pour tout x appartenant à I, $u(x) > 0$. La fonction $\ln \circ u : x \mapsto \ln(u(x))$ est dérivable sur I et
$$(\ln \circ u)' = \frac{u'}{u}$$

Propriété 10.7 *La fonction logarithme népérien est strictement croissante sur $]0;+\infty[$.*

Propriété 10.8
$$\lim_{x \to 0} \ln(x) = -\infty$$

$$\lim_{x \to +\infty} \ln(x) = +\infty$$

Propriété 10.9

$$\lim_{x \to +\infty} \frac{\ln(x)}{x} = 0$$

$$\lim_{x \to 0} x \ln(x) = 0$$

Pour tout entier naturel $n \geqslant 2$,

$$\lim_{x \to +\infty} \frac{\ln(x)}{x^n} = 0$$

et

$$\lim_{x \to 0} x^n \ln(x) = 0$$

11 Primitives et équations différentielles

Définition 11.1 *On considère f une fonction continue sur un intervalle I, on dit qu'une fonction F est solution de l'équation différentielle $y' = f$ sur I lorsque F est dérivable sur I et*

$$F' = f$$

Résoudre sur I l'équation différentielle $y' = f$, c'est trouver toutes les fonctions F dérivables sur I telles que $F' = f$.

Définition 11.2 ***Primitive*** *Une primitive d'une fonction f sur un intervalle I est une fonction F dérivable sur I telle que*

$$F' = f$$

Propriété 11.1 *On considère f une fonction continue sur un intervalle I et F une primitive de f sur I. Les primitives de f sur I, c'est-à-dire les solutions de l'équation différentielle*

$$y' = f$$

sont les fonctions G définies sur I par

$$G(x) = F(x) + a$$

où $a \in \mathbb{R}$.

Propriété 11.2 ***Conditions initiales*** *Soit f une fonction continue sur un intervalle I. Quels que soient $x_0 \in I$ et $y_0 \in \mathbb{R}$, l'équation différentielle*

$$y' = f$$

admet une unique solution F telle que

$$F(x_0) = y_0$$

Fonction f	Fonction primitive F	Intervalle
a	ax	$\mathbb{R}$
$x^n, n \in \mathbb{Z}, n \neq 0, n \neq 1$	$\dfrac{x^{n+1}}{n+1}$	$\mathbb{R}$
$\dfrac{1}{x}$	$\ln x$	$]0, +\infty[$
$\dfrac{1}{\sqrt{x}}$	$2\sqrt{x}$	$]0, +\infty[$
e^x	e^x	$\mathbb{R}$
$\cos x$	$\sin x$	$\mathbb{R}$
$\sin x$	$-\cos x$	$\mathbb{R}$

Propriété 11.3 *Soient f et g deux fonctions admettant respectivement les fonctions F et G comme primitives sur un intervalle I.*
— *$F + G$ est une primitive de $f + g$ sur I*
— *Pour $a \in \mathbb{R}$, aF est une primitive de af sur I.*

Fonction f	Fonction primitive F	Conditions
$u'u^n$	$\dfrac{u^{n+1}}{n+1}$	si $n < -1$, $u'(x) \neq 0$
$\dfrac{u'}{u^2}$	$-\dfrac{1}{u}$	$u'(x) \neq 0$
$\dfrac{u'}{u}$	$\ln(|u|)$	$u(x) > 0$ ou $u(x) < 0$
$\dfrac{u'}{2\sqrt{u}}$	$\sqrt{u}$	$u(x) > 0$
$u'e^u$	e^u	
$(v' \circ u)' \times u'$	$v \circ u$	$u(x) \in I$, v dérivable sur I

Définition 11.3 *Une équation différentielle est une égalité reliant une fonction dérivable et sa dérivée. Une solution d'une équation différentielle est une fonction qui vérifie cette égalité.*

Propriété 11.4 *On considère a un nombre réel non nul. Les solutions sur $\mathbb{R}$ de l'équation différentielle*
$$y' = ay$$

sont les fonctions
$$x \mapsto Ce^{ax}$$
où C est une constante réelle.

Propriété 11.5 *On considère a et b deux nombres réels non nuls. On considère l'équation différentielle*
$$(A) : y' = ay + b$$

— *(A) admet une unique solution particulière constante, qui est la fonction*
$$x \mapsto -\frac{b}{a}$$

— *Les solutions sur $\mathbb{R}$ de (A) sont les fonctions*
$$x \mapsto Ce^{ax} - \frac{b}{a}$$
où C est une constante réelle.

— *Quels que soient les nombres réels x_0 et y_0, l'équation (A) admet une unique solution g vérifiant la condition initiale*
$$g(x_0) = y_0$$

Propriété 11.6 *On considère a un nombre réel et f une fonction définie sur un intervalle I. Soient (A) l'équation différentielle*
$$y' = ay + f$$
et g une solution particulière de (A) sur I. Les solutions de (E) sur I sont les fonctions
$$x \mapsto Ce^{ax} + g(x)$$
où C est une constante réelle.

12 Calcul intégral

Définition 12.1 *On considère un repère orthogonal $(O; OI, OJ)$ et A le point de coordonnées $(1; 1)$. L'aire du rectangle $OIAJ$ est appelée unité d'aire du repère et est notée u.a.*

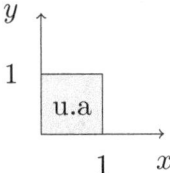

Définition 12.2 **Intégrale** *On considère f une fonction continue et positive sur un intervalle $[a; b]$ et C_f sa courbe représentative dans un repère orthogonal. L'aire du domaine délimité par la courbe C_f, l'axe des abscisses et les droites d'équations $x = a$ et $x = b$, exprimée en unité d'aire, est appelée intégrale de a à b de la fonction f. Elle est notée*

$$\int_a^b f(x)\mathrm{d}x$$

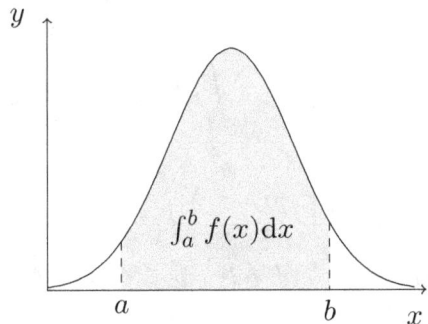

Théorème 12.1 *Soit f une fonction continue et positive sur un intervalle $[a; b]$. Soit F la fonction définie sur $[a; b]$ par*

$$F(x) = \int_a^x f(t)\mathrm{d}t$$

La fonction F est la primitive de f sur $[a; b]$ qui s'annule en a

Propriété 12.1 *Soit f une fonction continue et positive sur un intervalle $[a;b]$. Soit F une primitive de f sur $[a;b]$ On a*

$$\int_a^b f(t)\mathrm{d}t = F(b) - F(a)$$

On note aussi

$$\int_a^b f(t)\mathrm{d}t = [F(t)]_a^b$$

Définition 12.3 *Soient f une fonction continue sur un intervalle I, a et b deux réels appartenant à I et F une primitive de f sur I. On définit l'intégrale de a à b de f par :*

$$\int_a^b f(x)\mathrm{d}x = F(b) - F(a)$$

aussi noté

$$[F(x)]_a^b$$

Propriété 12.2 *Soient f et g deux fonctions continues sur un intervalle I, a, b, c trois réels appartenant à I et λ un réel.*

$$\int_a^a f(x)\mathrm{d}x = 0$$

$$\int_b^a f(x)\mathrm{d}x = -\int_a^b f(x)\mathrm{d}x$$

Relation de Chasles

$$\int_a^c f(x)\mathrm{d}x = \int_a^b f(x)\mathrm{d}x + \int_b^c f(x)\mathrm{d}x$$

Linéarité

$$\int_a^b (f(x) + g(x))\mathrm{d}x = \int_a^b f(x)\mathrm{d}x + \int_a^b g(x)\mathrm{d}x$$

et

$$\int_a^b \lambda f(x)\mathrm{d}x = \lambda \int_a^b f(x)\mathrm{d}x$$

Propriété 12.3 *Soient deux réels a et b tels que $a \leqslant b$ et f et g deux fonctions continues sur l'intervalle $[a;b]$*

— *Positivité : si $f \geqslant 0$ sur $[a;b]$, alors*

$$\int_a^b f(x)\mathrm{d}x \geqslant 0$$

— *Ordre : si $f \leqslant g$ sur $[a;b]$, alors*

$$\int_a^b f(x)\mathrm{d}x \leqslant \int_a^b g(x)\mathrm{d}x$$

Propriété 12.4 *Intégrale et parité* Soient f une fonction continue sur un intervalle I symétrique par rapport à 0 et a un réel appartenant à I
— Si f est paire, alors
$$\int_{-a}^{0} f(x)\mathrm{d}x = \int_{0}^{a} f(x)\mathrm{d}x$$
— Si f est impaire, alors
$$\int_{-a}^{0} f(x)\mathrm{d}x = -\int_{0}^{a} f(x)\mathrm{d}x$$

Propriété 12.5 *Intégration par parties* Soient u et v deux fonctions dérivables sur un intervalle I telles que u' et v' soient continues sur I et a et b deux réels appartenant à I. On a :
$$\int_{a}^{b} u'(t)v(t)\mathrm{d}t = [u(t)v(t)]_{a}^{b} - \int_{a}^{b} u(t)v'(t)\mathrm{d}t$$

Propriété 12.6 Soit f une fonction continue et négative sur un intervalle $[a;b]$ et C_f sa courbe représentative dans un repère orthogonal. L'aire du domaine D délimité par la courbe C_f, l'axe des abscisses et les droites d'équations $x = a$ et $x = b$, exprimée en unité d'aire, est égale à
$$\int_{a}^{b} (-f(x))\,\mathrm{d}x$$

Propriété 12.7 Soient f et g deux fonctions continues sur un intervalle $[a;b]$ telles que $f \leqslant g$ sur $[a;b]$. Soient C_f et C_g leurs courbes représentatives dans un repère orthogonal. L'aire du domaine D délimité par les courbes C_f, C_g et les droites d'équations $x = a$ et $x = b$, exprimée en unité d'aire, est égale à :
$$\int_{a}^{b} (g(x) - f(x))\mathrm{d}x$$

Définition 12.4 Soient deux réels a et b tels que $a < b$ et f une fonction continue sur l'intervalle $[a;b]$. On appelle valeur moyenne de la fonction f sur l'intervalle $[a;b]$ le nombre réel
$$m = \frac{1}{b-a} \int_{a}^{b} f(x)\mathrm{d}x$$

Chapitre 3

Probabilité et statistiques

13 Loi binomiale

Définition 13.1 *Une expérience aléatoire U qui se compose d'une succession de n épreuves indépendantes*
$$A_1, A_2, A_3, \ldots, A_n$$
a un univers des issues possibles qui est le produit cartésien
$$\Omega_1 \times \Omega_2 \times \Omega_3 \times \ldots \times \Omega_n$$
où Ω_i est l'univers de l'épreuve A_i pour i allant de 1 a n. Une issue de U est donc un n-uplet
$$(x_1; x_2; x_3; \ldots; x_n)$$
où x_k est une issue de A_k

Propriété 13.1 *Soit U une succession de n épreuves indépendantes, la probabilité que l'issue de U soit*
$$(x_1; x_2; x_3; \ldots; x_n)$$
est égale au produit des probabilités de chacune des issues du n-uplet.

Définition 13.2 *Épreuve de Bernoulli* *Soit p un réel compris entre 0 et 1. On appelle épreuve de Bernoulli de paramètre p une expérience aléatoire ayant deux issues : l'une nommée a succès notée S, de probabilité p, et l'autre "échec" notée $\overline{S}$.*

Propriété 13.2 *Soit p un réel compris entre 0 et 1. La loi d'une épreuve de Bernoulli de paramètre p est donnée par le tableau ci-dessous.*

Issue	S	$\overline{S}$
Probabilité	p	$1-p$

Définition 13.3 *Schéma de Bernoulli* *On considère une épreuve de Bernoulli de paramètre p, où p est un réel compris entre 0 et 1. Soit n un entier naturel non nul. On définit un schéma de Bernoulli de paramètres n et p lorsqu'on répète n fois de façon indépendante cette épreuve de Bernoulli.*

Définition 13.4 *On considère un schéma de Bernoulli de paramètres n et p et A la variable aléatoire comptant le nombre de succès obtenus dans ce schéma. On dit alors que A suit la loi binomiale de paramètres n et p, notée $B(n;p)$.*

Propriété 13.3 *La loi de la variable aléatoire A qui suit la loi binomiale de paramètres n et p est donnée, pour tout entier k compris entre 0 et n par*

$$P(A = k) = \binom{n}{k} p^k (1-p)^{n-k}$$

Propriété 13.4 *Si A suit la loi binomiale de paramètres n et p, alors :*

$$E(A) = np$$

$$V(A) = np(1-p)$$

$$\sigma(A) = \sqrt{np(1-p)}$$

14 Loi des grands nombres

Définition 14.1 *On considère X une variable aléatoire et a et b deux nombres réels. On note*
$$x_1; x_2; \ldots; x_n$$
les valeurs prises par X. La variable aléatoire Y définie par $Y = aX + b$ est la variable aléatoire qui prend pour valeurs les réels
$$y_i = ax_i + b$$
pour tout i allant de 1 à n

Propriété 14.1 *Soit X une variable aléatoire et Y la variable aléatoire définie par*
$$Y = aX + b$$
où a et b sont deux réels. L'espérance de Y est
$$E(Y) = E(aX + b) = aE(X) + b$$
La variance de Y est
$$V(Y) = V(ax + b) = V(aX) = a^2 V(X)$$

Définition 14.2 *Lorsque X et Y sont deux variables aléatoires, $X + Y$ est la variable aléatoire qui prend pour valeurs les sommes des valeurs possibles de X et de Y.*

Propriété 14.2 *Soient X et Y deux variables aléatoires. On a*
$$E(X + Y) = E(X) + E(Y)$$

Propriété 14.3 Variables aléatoires indépendantes *Soient X et Y deux variables aléatoires. On suppose que X et Y sont associées à deux expériences aléatoires dont les conditions de réalisation sont indépendantes. On a*
$$V(X + Y) = V(X) + V(Y)$$
On dit alors que les variables aléatoires sont indépendantes.

Propriété 14.4 *Inégalité de Markov* Soit X une variable aléatoire à valeurs positives et soit a un nombre réel strictement positif. On a

$$P(X \geqslant a) \leqslant \frac{E(X)}{a}$$

Propriété 14.5 *Inégalité de Bienaymé-Tchevychev* Soit X une variable aléatoire et soit t un nombre réel strictement positif. On a

$$P(|X - E(X)| \geqslant t) \leqslant \frac{V(X)}{t^2}$$

Propriété 14.6 On considère un schéma de Bernoulli comportant n répétitions d'une épreuve de Bernoulli de paramètre p. Pour tout i de 1 à n, on note X_i la variable aléatoire associée à la i-ème épreuve de Bernoulli qui prend la valeur 1 en cas de succès et 0 sinon. On a alors

$$P(X_i = 1) = p$$

Chaque variable X_i (pour i allant de 1 à n) suit la loi de Bernoulli de paramètre p. La variable aléatoire

$$S_n = \sum_{i=1}^{n} X_i = X_1 + \ldots + X_n$$

est égale au nombre de succès lors des n épreuves et suit la loi binomiale de paramètres n et p.

Propriété 14.7 On appelle fréquence empirique des variables aléatoires

$$X_1, X_2, \ldots, X_n$$

la variable aléatoire M_n définie par

$$M_n = \frac{X_1 + \ldots + X_n}{n} = \frac{S_n}{n}$$

Soit t un nombre réel strictement positif. L'inégalité de Bienaymé-Tchebychev appliquée à S_n et M_n donne :

$$P(|S_n - np| \geqslant t) \leqslant \frac{np(1-p)}{t^2}$$

et

$$P(|M_n - p| \geqslant t) \leqslant \frac{p(1-p)}{nt^2}$$

Définition 14.3 On considère n expériences aléatoires identiques et indépendantes. On note

$$X_1, X_{2'} \ldots, X_n$$

les variables aléatoires associées à ces expériences, toutes de même loi. On note

$$S_n = X_1 + \ldots + X_n$$

et
$$M_n = \frac{S_n}{n}$$

M_n *s'appelle la moyenne empirique des variables*

$$X_1, X_2, \ldots, X_n$$

Théorème 14.1 ***Théorème des grands nombres*** *On considère une expérience aléatoire et X la variable aléatoire associée à cette expérience, d'espérance $E(X)$ et de variance $V(X)$. On répète n fois cette expérience de manière indépendante. On obtient un échantillon de taille n composé de n variables aléatoires*

$$X_1, X_2, \ldots, X_n$$

Les variables $X_1, X_2, \ldots, X_n$ ont la même loi (elles ont donc la même espérance $E(X)$ et la même variance $V(X)$). Pour tout nombre réel $t > 0$,

$$P\left(|M_n - E(X)| \geqslant t\right) \leqslant \frac{V(X)}{nt^2}$$

Autrement dit, on a

$$\lim_{n \to +\infty} P\left(|M_n - E(X)| \geqslant t\right) = 0$$

On dit que M_n converge en probabilité vers $E(X)$ lorsque n tend vers $+\infty$.

Une humble requête

Cher lecteur,

Les Éditions Ducourt sont une entreprise familiale qui ne doit sont existence qu'à ses lecteurs.

C'est pourquoi nous vous prions, si vous avez apprécié ce livre, de bien vouloir prendre quelques minutes pour nous laisser un avis sur la page Amazon de ce livre.

<u>Chacune de vos revues</u> est essentielle à notre succès, et nous permet de continuer à écrire des livres de qualité.

Nous sommes extrêmement reconnaissants pour votre support et nous espérons que nous avons réussi à vous délivrer un livre qui vous a été utile.

Amicalement
Les Editions Ducourt

www.ingramcontent.com/pod-product-compliance
Lightning Source LLC
Chambersburg PA
CBHW081654220526
45466CB00009B/2756